"Tutto ciò che esiste è il presente. L'inizio e la fine sono illusioni nate dal bisogno di comprendere l'infinito."

Indice

- Prefazione.. 4
- **Filosofia e Scienza**
- 1. La nascita dell'universo e la teoria del "Big Bang"..... 9
- 2. Trovare risposte.. 12
- 3. Il tempo.. 20
- 4. L'infinito della Materia................................ 26
- 5. Affermazione della tesi................................. 36
- 6. La nostra fisica.. 39
- **Religione**
- 7. Spazio alla religione................................... 44
- 8. Ha senso la religione?.................................. 46
- **Esistenza e Mistero**
- 9. La Morte e il concetto di Fine.......................... 50
- 10. A cosa serviamo?....................................... 56
- **Biografia dell'autore**
- **Glossario**
- **Riferimenti Bibliografici / Fonti**

Prefazione

Prefazione

Come è nato l'universo? Perché esistiamo? Ci ha creati un Dio? Qual è il limite delle cose? Esistono altri esseri viventi simili a noi?

Queste sono alcune delle domande che l'essere umano si pone da migliaia di anni. Purtroppo, non possiamo fornire una risposta precisa a queste domande, tanto meno dare per certo che le teorie in merito proposte da scienziati siano corrette. Siamo però consapevoli che ogni risposta, o tentativo di risposta genera mutamenti nel modo di pensare, nella scienza, nella religione e filosofia.

Tengo a precisare che scienza, religione, filosofia, letteratura, ecc. non sono solo "materie" o "discipline", ma rappresentano i pilastri della comprensione umana. La religione, in particolare, può essere vista come uno strumento per interrogarsi sul significato più profondo dell'esistenza.

Quindi, perché non utilizzare questi mezzi per cercare risposte anche a queste domande? Ma soprattutto, perché nessuno ha ancora trovato risposte? Pensandoci bene… forse una risposta a tutto c'è…

Con queste pagine desidero illustrarvi come ho trovato le mie risposte e come sono sicuro di poterle ampliare con il passare del preziosissimo "tempo". Quest'ultimo rappresenta l'unica ragione per cui l'essere umano ha il potere del pensiero.

Tutto ciò che verrà trattato in queste pagine ruota attorno a una sola parola: **infinito**. L'infinito che esploriamo con la scienza, contempliamo con la religione e cerchiamo di comprendere con la filosofia.

Perché questo libro?

Lo scopo di questo libro è condividere il mio pensiero su alcune delle domande fondamentali concernenti la nostra esistenza. Avrei potuto limitarmi a esporre le mie teorie verbalmente, ma spesso le persone non sono disposte a intraprendere discussioni serie su temi di tale profondità. È evidente che interrogativi di questa portata non possono essere affrontati con superficialità né con l'intento di ridicolizzare chi esprime la propria opinione. Scrivere questo libro rappresenta, dunque, un modo più serio e strutturato per comunicare le mie riflessioni e stimolare una riflessione autentica su argomenti così significativi. Mi auguro che chiunque mi abbia posto, o si sia posto domande su questi argomenti, possa trovare risposte serie e approfondite in questo libro.

Filosofia e Scienza

1. La nascita dell'universo e la teoria del "Big Bang"

La teoria del Big Bang proposta dal sacerdote cattolico, matematico e fisico Georges Lemaître, e supportata dalle equazioni della relatività generale di Albert Einstein, è una delle teorie più accreditate sull'origine e l'evoluzione dell'universo. Lemaître, insieme al matematico russo Alexander Friedmann, che sviluppò soluzioni alle equazioni di Einstein descrivendo un universo in espansione, gettò le basi del modello cosmologico moderno, mentre Edwin Hubble, con le sue osservazioni sull'espansione delle galassie, fornì la conferma sperimentale.

Il termine "Big Bang", inizialmente coniato in modo dispregiativo dal fisico Fred Hoyle, divenne il nome ufficiale della teoria. Per poter esprimere la mia teoria a riguardo, è necessario riprendere in maniera molto semplificata la proposta di Georges Lemaître. Il "Big Bang", a differenza di come molti pensano, non è un'enorme esplosione avvenuta circa 13,787 miliardi di anni fa, bensì la veloce espansione dello spazio stesso a partire da un punto di densità e temperature estremamente elevate, noto come "singolarità". Per intenderci, all'inizio l'universo era di dimensioni subatomiche ed era presente all'interno del vuoto assoluto. Date le condizioni precedentemente citate, l'universo iniziò ad espandersi rapidamente passando da dimensioni subatomiche a dimensioni macroscopiche, definendo un processo chiamato "inflazione cosmica". Questa fase ebbe origine circa 10^{-36} e 10^{-32} secondi dopo il Big Bang.

Focus, Cosa c'era prima del Big Bang?. 24 Marzo 2020

2. Trovare risposte

Esistono altre teorie sull'origine dell'universo (non meno importanti). Alcune di queste sono: la teoria dello stato stazionario, la teoria dell'inflazione cosmica, la teoria del Big Bounce, la teoria del multiverso, la teoria dell'universo ciclico e la teoria del vuoto quantistico.

La teoria dell'inflazione cosmica aggiunge una fase di espansione esponenziale immediatamente successiva al Big Bang.

La teoria dello stato stazionario propone un universo eterno con creazione continua di materia.

La teoria del Big Bounce e dell'universo ciclico ipotizzano una realtà che si espande e contrae ciclicamente.

La teoria del multiverso definisce l'esistenza di infiniti universi paralleli e il modello del vuoto quantistico suggerisce che tutto abbia avuto origine da fluttuazioni nel vuoto quantistico. A queste si aggiunge l'ipotesi olografica che immagina l'universo come una proiezione di un confine bidimensionale.

Per non dilungarmi troppo, prendo come riferimento la teoria del "Big Bang", affinché io possa esprimere il mio pensiero a riguardo (gli stessi concetti che leggerete sono applicabili ad ognuna di queste teorie). Nonostante io non abbia studi universitari e approfonditi per poter mettere in discussione o approvare una teoria di questo calibro, ritengo quest'ultima molto valida per ciò che ci è possibile immaginare e calcolare.

L'unico modo che abbiamo per trovare una risposta ad un dilemma o ad una congettura è eliminare la possibilità di formulare altre domande. In altre parole, la risposta di un dilemma dovrà rispondere anche a tutte le altre domande ad esso annesse. Facciamo un esempio:

Dilemma

Qual è la forma più efficiente per un oggetto che cade in un fluido per minimizzare la resistenza?

Risoluzione eliminando ulteriori domande

Per rispondere a questo dilemma, dobbiamo trovare una forma che non solo minimizzi la resistenza aerodinamica o idrodinamica, ma che risponda automaticamente a tutte le domande correlate, come:

- Qual è la forma che consente la caduta più veloce?

- Qual è la forma che minimizza il consumo di energia durante il movimento?

- Qual è la forma più stabile durante la caduta?

O tutte le altre domande che potrebbero formarsi noto questo dilemma.

Risultato scientifico

La risposta, basata su studi scientifici nel campo dell'aerodinamica, è la forma a goccia d'acqua (o *teardrop shape*). Questa forma è quella che minimizza la resistenza perché:

- Riduce la separazione del flusso del fluido dietro l'oggetto.

- Minimizza i vortici che si formano dietro l'oggetto (detti *drag vortex*).

- È naturalmente stabile, mantenendo la punta rivolta verso il fluido in movimento.

Come possiamo notare, questa risposta è in grado di soddisfare sia le domande precedentemente poste che ulteriori domande proponibili a riguardo. Tornando alla teoria del "Big Bang", noto che non risponde completamente ad alcune possibili domande:

- Cosa c'era prima della nascita dell'universo?

- perché l'universo ha iniziato a propagarsi esponenzialmente proprio in quel momento?

- La propagazione esponenziale dell'universo è iniziata in un momento preciso oppure è iniziata molto tempo prima?

- Perché si dice che l'universo è in continua espansione?

- Perché alcune teorie affermano che l'universo smetterà di espandersi?

- Perché esisteva quella materia iperdensa e "compressa" ad elevate temperature e di dimensioni subatomiche?

- Perché la materia si trovava in quello stato?

- Perché il "vuoto" dove si trova e trovava la materia, contiene e conteneva quest'ultima?

- Il "vuoto" viene definito dalla fisica classica, fisica quantistica o cosmologia?

- Che dimensioni aveva la materia compressa?

Quante altre domande insoddisfatte esistono in merito alla teoria del Big Bang? La risposta è: **infinite**.

Tengo a precisare che mi sto avvalendo della parola "infinito", non per rappresentare un'iperbole (figura retorica di significato, illustrante un'esagerazione), ma come risposta vera e propria alla domanda e posso assicurare che questa parola verrà utilizzata tante altre volte in queste pagine. Ad alcune di queste domande sono già state date delle risposte dalla teoria del "Big Bang", o da altre teorie, ma nessuna di queste risposte inibiscono la formulazione di ulteriori domande a riguardo. Esiste quindi una risposta vera e propria a queste domande? A parer mio, non proprio.

3. Il tempo

Utilizzerei una delle quattro dimensioni a noi note, il tempo, per esplicare meglio il mio concetto. Immaginiamo una retta (non ha inizio e non ha fine); attribuiamo a questa retta il nome "tempo".

Siamo tutti d'accordo che quest'ultimo è responsabile della nostra esistenza e dell'esistenza dell'universo (è quindi responsabile di tutto). Il tempo sarà sempre presente in ogni cosa: azioni quotidiane, domande, risposte, passato, presente, futuro ecc. Una delle domande più popolari legate al tempo è: il tempo è una visione dell'umano o è oggettivo? Personalmente credo che il tempo sia di base oggettivo e ognuno di noi lo interpreta a modo proprio. Il poterlo interpretare a modo proprio non elimina una possibile esistenza oggettiva di quest'ultimo.

Ad esempio, un'ora equivale oggettivamente a un'ora ma supponiamo che in quest'ora, si faccia un qualcosa di estremamente intrattenente o interessante. Per la maggior parte di noi, quell'ora è equivalsa a un'ora meno la quantità di gradimento di ciò che si è fatto in quell'ora. Detto in modo diverso, ci è sembrato che quell'ora sia passata più velocemente rispetto ad un'ora oggettiva. Segue esempio matematico:

Punto di vista oggettivo

$1h = 1h \Rightarrow 60min = 60min$

Punto di vista soggettivo

$60min = 60min - q$

con q = indice di gradimento di ciò che si è fatto in quell'ora

Vale il contrario se q fosse negativa, quindi l'ora ci sembrerà quantitativamente parlando, maggiore di un'ora oggettiva:

Punto di vista oggettivo

$1h = 1h \Rightarrow 60min = 60min$

Punto di vista soggettivo

$60min = 60\min + q$

con q = indice di disappunto di ciò che si è fatto in quell'ora

Risolvendo queste equazioni, notiamo che q dovrà valere sempre 0, altrimenti l'equazione non sarebbe verificata e quindi falsa. Ciò vuol dire che coinvolgendo una visione soggettiva del tempo, esisterebbe comunque e soltanto il tempo oggettivo (60min devono essere sempre uguali a 60min).

Logicamente, la quantità di tempo "1 ora" è puramente casuale e potrebbe essere sostituita da un'altra quantità temporale. Non si può dire che q sia direttamente proporzionale alla quantità del tempo, perché q dipende anche da tanti altri fattori. Uscendo dagli esempi precedenti, il tempo oggettivo è l'evoluzione di ciò che è presente grazie alle tre dimensioni.

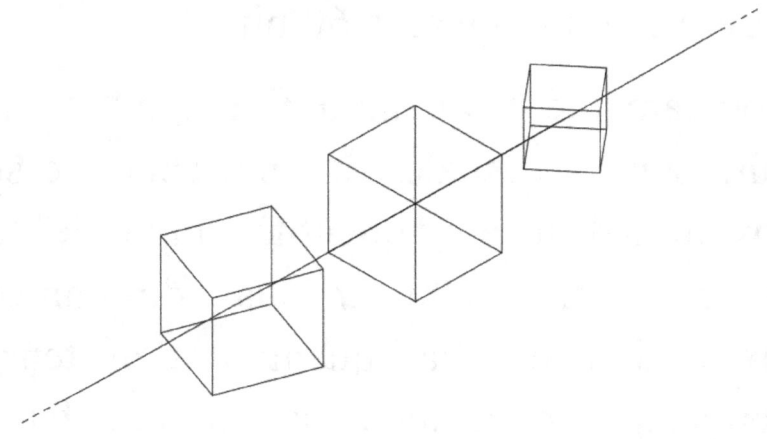

In questa immagine, possiamo osservare l'evoluzione di un oggetto tridimensionale (un cubo) nel corso del tempo. Durante il suo trascorso, il cubo ha cambiato rotazione e forma. Tutto questo è successo su una linea temporale infinita. Non possiamo quindi determinare un inizio o una fine del tempo, ma possiamo presenziare il presente e osservare il passato tramite lo stesso presente. Non potendo definire un inizio, è scontato che, ammessa l'esistenza del Big Bang, niente sarebbe potuto cominciare da li. Mi rendo conto che ciò possa lasciare molto perplessi; per tal motivo ho in serbo numerosi esempi riconducibili all'infinito.

4. L'Infinito della Materia

Alla fine del XVIII secolo, il chimico, biologo, filosofo ed economista francese, Antoine-Laurent de Lavoisier pubblica il "postulato fondamentale di Lavoisier", affermando che:

"Nulla si crea, nulla si distrugge, tutto si trasforma"

Il precedente postulato è stato espresso anche dal punto di vista lagrangiano affermando che:

"resta invariata nel tempo la massa contenuta in un volume (deformabile) che si muove con il sistema"

Questa teoria è stata dimostrata matematicamente, facendo uso della notazione di Newton.

Riflettendo a riguardo, è molto facile comprendere la veridicità e il senso del postulato di Lavoisier. Qualunque oggetto presente sulla terra deriva dalla trasformazione o unione di più materiali che a sua volta sono stati trasformati (deformati). Non è quindi possibile generare dal nulla la materia, tanto meno cancellarla dall'esistenza. Come già detto, è solo possibile trasformarla e questo ci riconduce alla prima parte della mia teoria; non è possibile definire un inizio o una fine. Come detto nel capitolo 2, per trovare una risposta o per confermare la veridicità di una teoria, bisogna verificare che data una risposta, non ci sia la possibilità di generare ulteriori domande a riguardo; quindi, perché non applicarla anche in questo caso?

È possibile definire l'inizio e la fine della forma della materia?

A mio parere, no. Come da prassi, segue un esempio.

Prendiamo come esempio un parallelepipedo metallico:

Osservando il nostro solido così come è, possiamo dire che lo spigolo del solido (evidenziato qui sotto in arancione), potrebbe essere il primo estremo del solido.

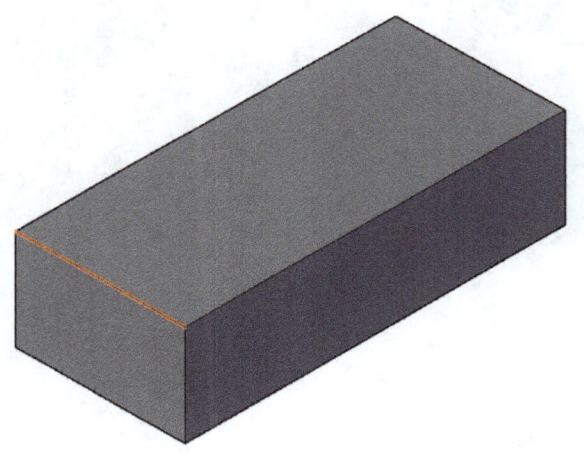

Ora iniziamo ad andare più nel dettaglio prendendo solo lo spigolo ed escludendo il resto (il concetto che leggerai tra poco vale lo stesso per tutto il solido):

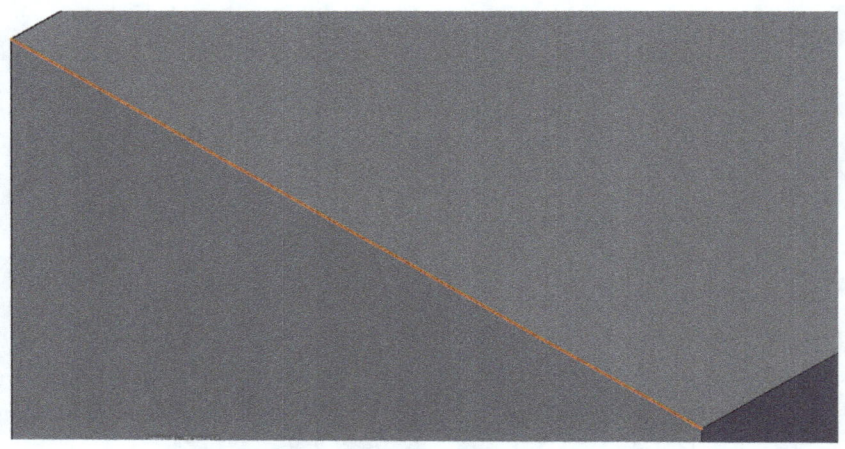

Avvicinandoci sempre di più al regno quantistico, siamo in grado di visualizzare il reticolo cristallino dell'oggetto metallico in questione. Sottolineo che il reticolo cristallino varia a seconda del tipo di metallo, come cubico a facce centrate o esagonale compatto. Riducendo ulteriormente la scala, si osservano singoli atomi che formano il reticolo cristallino. Secondo il modello di Niels Bohr, gli atomi sono composti da un nucleo con all'interno i neutroni (n) il cui compito è principalmente fare massa e protoni (p+, carica positiva). Insieme, prendono il nome di nucleone. Attorno al nucleone è presente una nube di elettroni (e-, carica negativa), con ogni elettrone situato sopra il loro livello (o strato) indicato dal numero del periodo della tavola periodica. Di seguito un'immagine del modello di Bohr:

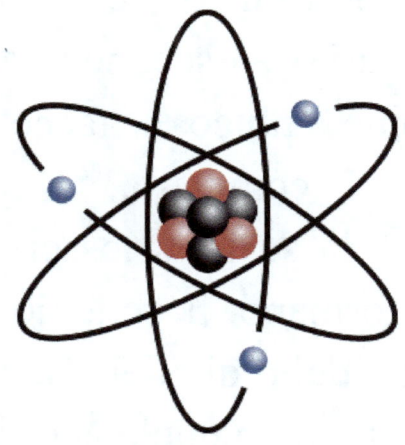

OggiScienza, I cent'anni dell'atomo di Bohr. 02 Luglio 2013 at 1:43 pm

Proseguendo con il viaggio troviamo i quark e gluoni. I quark sono le particelle elementari che formano i protoni e neutroni. Ne esistono di sei tipi: up, down, charm, strange, top e bottom. I gluoni invece, sono i "collanti" che tengono insieme i quark attraverso l'interazione forte. A scale ancora più piccole, entriamo nel regno della fisica quantistica, dove le particelle elementari mostrano proprietà di dualità onda-particella. Qui le distinzioni tra materia ed energia diventano sfumate e fenomeni come l'indeterminazione di Heisenberg giocano un ruolo chiave.

Proseguendo oltre, si entra nel campo delle teorie speculative. La teoria delle stringhe ipotizza che le particelle elementari siano minuscole stringhe vibranti di energia, la cui frequenza determina la natura della particella. A scale ancora più piccole, sotto la lunghezza di Planck, lo spazio-tempo potrebbe frammentarsi in una schiuma quantistica, fatta di fluttuazioni caotiche. Alcuni teorizzano che l'informazione sia la base della realtà, o che il nostro universo faccia parte di un multiverso con leggi fisiche differenti. In queste profondità, la distinzione tra ciò che esiste e ciò che è possibile diventa sempre più esile, portandoci ai confini della nostra comprensione scientifica.

5. Affermazione della tesi

Ora ho una domanda: cosa c'è dopo?

Personalmente non conosco altri elementi più esili e microscopici oltre a ciò che è stato descritto in precedenza, ma anche se le mie conoscenze mi permettessero di andare avanti, arriverei comunque ad un punto in cui la scienza stessa non potrebbe continuare se adottata dall'essere umano. Dopo tutto, possiamo pensare al fatto che ci sarà sempre la domanda "dopo cosa c'è?", quindi ricollegandoci a ciò che è stato detto nei capitoli precedenti, l'unica risposta che possiamo dare a questa domanda è: **l'infinito**. Vi invito a ripetere questo ragionamento, con altri oggetti o concetti che vi vengono in mente. Se non possiamo determinare l'origine di quello spigolo e di conseguenza non possiamo determinare neanche la fine (non è mai iniziato e non finirà mai), allora come facciamo ad affermare che lo spigolo e quindi anche il parallelepipedo esistano veramente? Si troveranno anche loro su una retta infinita, dove l'unica esistenza è il presente. A questo punto sorge un'altra domanda:

Se nulla esiste, perché viviamo in una realtà concreta?

Ciò che mi sento di affermare è che nulla esiste per creazione o distruzione, quindi tutto esiste per il presente. In altre parole, nulla nasce e nulla muore perché nulla esiste per il passato e nulla esiste per il futuro. È il nostro infinito presente che definisce l'esistenza. Ogni nascita è preceduta da una nascita, in un ciclo infinito, così come ogni morte è succeduta da una morte in un ciclo infinito. Il presente lo possiamo immaginare come un filo infinito che può essere piegato e ripiegato infinite volte in modo da modellare il presente.

6. La nostra fisica

Definito cos'è per me l'universo, mi pongo un'altra domanda: ha senso la nostra fisica? Nella frase "la nostra fisica" è presente un aggettivo possessivo: "nostra" che risponde direttamente alla domanda. La fisica che utilizziamo e vediamo ogni giorno è la nostra interpretazione della vita "reale". Abbiamo un altro esempio molto vicino a noi, la fisica quantistica. È una fisica che si distacca molto dalla fisica che meglio conosciamo.

Ma cosa significa che la fisica è "nostra"? Probabilmente indica che questa disciplina è un prodotto della mente umana, costruita per spiegare e prevedere fenomeni osservabili. È una rappresentazione della realtà, non la realtà stessa. Ogni teoria, ogni legge che accettiamo, per quanto precisa e potente, è il risultato di ciò che possiamo osservare e misurare con i nostri sensi e strumenti, strumenti che, alla fine dei conti, sono sempre limitati.

Chissà quante altre "fisiche" esistono nell'universo (suppongo infinite). Magari esistono esseri in grado di percepire realtà diverse, dotati di sensi o strumenti che noi non possiamo neanche immaginare. Forse interpretano l'universo attraverso paradigmi completamente alieni al nostro modo di pensare.

L'esistenza stessa della fisica quantistica ci suggerisce che la realtà è molto più complessa di quanto sembri: le particelle sembrano seguire leggi che sfidano l'intuizione, il che ci porta a sospettare che vi siano strati della realtà che ancora non comprendiamo.

Potrebbe essere che queste altre fisiche siano dettate da una quinta dimensione, o da strutture dell'universo che sfuggono alla nostra capacità di percezione. Forse ciò che noi chiamiamo "fisica quantistica" è il riflesso parziale e distorto di una struttura multidimensionale più profonda. Questo ci porta a riflettere: se la nostra fisica è una proiezione di una realtà più complessa, allora potrebbe essere solo una delle infinite interpretazioni possibili.

E se queste diverse fisiche non fossero nemmeno direttamente comparabili alla nostra? Per esempio, alcune di esse potrebbero non dipendere affatto dal tempo, dallo spazio o dalla causalità, che sono pilastri fondamentali del nostro approccio. Forse ci sono realtà in cui non esistono le stesse leggi di conservazione dell'energia, o in cui il concetto di "particella" non ha senso. Se così fosse, allora non solo dovremmo accettare l'idea che la nostra fisica sia incompleta, ma che potrebbe essere una piccola finestra su un universo infinitamente più grande e più complesso.

In fondo, la domanda non è solo se la nostra fisica abbia senso, ma se siamo disposti ad accettare che il senso stesso potrebbe essere relativo.

Religione

7. Spazio alla religione

La religione gioca un ruolo fondamentale nella vita delle persone. Ognuno è libero di scegliere se seguire un modello, estrapolare una propria religione, non credere (atei) o sospendere il giudizio per mancanza di prove (agnostici).

Anche per questo esteso e complesso tema quotidiano, punto a esplicare il mio pensiero. Quando parlo di religione non intendo assolutamente cercare di convincere qualcuno del mio pensiero, piuttosto punto ad un'espansione culturale che spero di raggiungere tramite questo scritto.

Rimpiango spesso la poca cultura che mi ritrovo in argomenti come questo e cerco quindi di ricondurre tutto a ciò che amo di più: la scienza. Mi domando sempre come sarebbe bello conoscere e sapere tutte le parole che escono dalla bocca di chi ci troviamo davanti, seduti dietro i banchi di scuola.

Alla luce di questo, affermo che risponderei alla domanda "credi in Dio?" come rispose Elon Musk durante un'intervista. Musk, alla domanda "Do you believe in GOD?", rispose dicendo "I believe there's some explanation for this universe, which you might call GOD"; "Credo che ci sia una spiegazione per questo universo, che potresti/potremmo chiamare Dio". E se questa spiegazione fosse quella scritta sopra?

Potrei aver trovato le mie, personali, ragioni dell'esistenza, sia scientifica che religiosa e quindi anche io credo in un Dio.

8. Ha senso la religione?

Nel capitolo precedente, ho fatto presente che la religione è la base della vita di ognuno. Ripeto che con "religione" non si intende solo il Cristianesimo, Islam, Buddismo o altre religioni che conosciamo tutti per nome, bensì l'abilità della ragione di manifestare la sua essenza più profonda attraverso l'interrogativo fondamentale.

Dopo tutto, viviamo in un mondo talmente influenzato dal punto di vista religioso, che nei momenti di difficoltà, persino chi si è sempre dichiarato ateo o agnostico prega.

Chi crede nella propria religione non deve per forza recitare il rosario la sera o andare in chiesa a pregare. La fede esiste nella nostra mente, che segue il corpo ovunque essa lo dirige.

Le scelte che facciamo sono frutto della nostra mente, che ha l'abilità di modificarle in base alla nostra fede. Con "fede" non intendo Gesù Cristo, Vishnu, Buddha o altre figure principali delle religioni, ma una qualsiasi ragione della nostra esistenza. La mia, ad esempio, è quella descritta nei capitoli precedenti.

A ben vedere, la religione non è solo un sistema di credenze, ma una lente attraverso cui osserviamo e interpretiamo il mondo. Persino la scienza, in un certo senso, ha una dimensione "religiosa", se la consideriamo come un atto di fede verso la possibilità di comprendere l'universo attraverso il metodo scientifico.

Ha senso la religione? Sì, perché rappresenta la ricerca di un significato, uno scopo che ci guida. Non importa quale sia la forma che assume: che sia un Dio, un ideale, o l'infinita curiosità verso l'ignoto, la religione è una manifestazione del bisogno umano di trovare un senso al caos della vita. Siamo noi a creare la nostra religione.

Esistenza e Mistero

9. La Morte e il concetto di Fine

Non ho ancora un pensiero precisamente formato in merito alla morte e al concetto di "fine". Tuttavia, provando ad applicare la mia concezione di infinito a questo tema, mi viene da pensare che la morte, in effetti, non esista realmente come comunemente la intendiamo. Invece di essere un punto definitivo in cui tutto ciò che siamo svanisce, la morte potrebbe essere più correttamente descritta come una cessione del nostro corpo alla natura, un ritorno alla ciclicità dell'universo. È un processo che avviene attraverso la cessazione dell'attività cerebrale, la morte dei nostri neuroni e il disfacimento fisico, ma in cui non scompare l'energia che, in qualche modo, si integra ancora nell'infinità della natura.

Questo concetto, che potrebbe sembrare controintuitivo, è il risultato di una visione della realtà come un flusso continuo, senza interruzioni. Ogni essere vivente, infatti, ha un "io" che esiste e si manifesta attraverso l'esperienza della propria coscienza. Tuttavia, questo "io", per quanto fondamentale nella nostra percezione della vita, è solo una costruzione parziale, intrappolata in un corpo fisico e in un sistema nervoso complesso. La fine di questo "io" si verifica con la morte, ma la fine non implica la perdita assoluta. Se guardiamo oltre la singola esistenza, possiamo osservare che ciò che costituisce il nostro "io" non è mai esclusivo e unico. È piuttosto un intreccio di connessioni, esperienze, ricordi, e interazioni che attraversano il tempo e lo spazio, che si riversano negli altri e nell'ambiente che ci circonda.

La morte di un individuo non determina quindi la fine di una forma di esistenza, ma solo la trasformazione della sua presenza in nuove forme. La memoria, l'impatto, l'influenza che ogni vita ha sugli altri esseri viventi e sull'ambiente che ci circonda è, forse, una delle manifestazioni più concrete di come la nostra "esistenza" possa persistere, anche dopo la nostra morte. La scienza ci mostra, ad esempio, che la materia non scompare mai veramente, ma si trasforma continuamente in altre forme, che siano energetiche, chimiche, o fisiche. In una visione simile, la morte rappresenta non una fine, ma una metamorfosi, un passaggio da una forma di esistenza a un'altra.

In questo contesto, la morte potrebbe anche essere vista come un atto di restituzione. Restituiamo al cosmo la materia di cui siamo fatti, affinché questa possa tornare a essere utilizzata per dare vita a qualcos'altro. Gli esseri viventi che ci circondano, dalle piante agli animali, continuano a evolversi grazie all'interazione con gli altri organismi e con l'ambiente. Noi stessi siamo il frutto di processi millenari di evoluzione e, sebbene la nostra individualità possa terminare con la morte, la rete di vita che ci collega ad altri esseri viventi non finisce mai.

Credo che questo "io" si distacchi completamente dai concetti scientifici, dalla limitazione della biologia e delle leggi fisiche. Questo "io" è qualcosa di più, una percezione che ci rende consapevoli della nostra esistenza e della nostra connessione con gli altri. Quando questo "io" termina con la morte, non si tratta di una perdita irreversibile, ma di un passaggio, un cambiamento che si riflette nei legami che abbiamo creato, nelle esperienze che abbiamo vissuto e nei cambiamenti che abbiamo innescato.

In un certo senso, esistiamo ancora per gli altri esseri viventi, attraverso i ricordi che lasciamo e l'influenza che abbiamo avuto su di loro. E, forse, questo è il vero significato della "continuità", un concetto che va oltre la nostra esistenza temporale.

In un ciclo senza fine, la morte non è mai definitiva, ma è parte di un movimento costante di trasformazione, dove ogni fine è anche un inizio. La nostra fine è una nuova opportunità per la materia, l'energia e la vita stessa di ripartire, di rinnovarsi. Se pensiamo all'infinito e alla sua continua evoluzione, la morte può essere compresa come un cambiamento, un passaggio necessario affinché l'intero ecosistema cosmico prosegua il suo corso. La morte non è la fine di un essere, ma un passaggio verso una nuova forma di esistenza, che si estende ben oltre il nostro breve periodo di coscienza individuale.

10. A cosa serviamo?

Credo che l'essere umano contribuisca in modo significativo alla trasformazione e alla modifica del tempo. Il tempo a cui mi riferisco è quello di cui ho parlato nei capitoli precedenti, ovvero il tempo oggettivo e infinito.

L'essere umano, attraverso le proprie azioni, pensieri e creatività, non è semplicemente un osservatore passivo del flusso temporale, ma un agente attivo che plasma e ridefinisce il concetto stesso di tempo. Ogni decisione presa, ogni invenzione realizzata e ogni esperienza vissuta aggiungono una nuova dimensione alla nostra comprensione e percezione del tempo.

La nostra capacità di riflettere sul passato, pianificare il futuro e vivere pienamente il presente ci attribuisce un ruolo unico nell'universo. Non solo interpretiamo il tempo, ma lo influenziamo direttamente attraverso le nostre interazioni quotidiane. Ad esempio, l'innovazione tecnologica accelera il ritmo della vita moderna, modificando il nostro rapporto con il tempo libero e con le scadenze. Gli esseri viventi sono il motore della progressione culturale e della conoscenza in un tempo **infinito**.

58

Biografia dell'Autore

Edoardo Biestro è nato a Milano il 31 maggio 2007. Fin dai primi anni scolastici ha mostrato un forte interesse per le scienze, con una particolare predilezione per l'informatica. Spinto dalla curiosità e dal desiderio di comprendere meglio il mondo, crescendo, si dedica con passione alla realizzazione di progetti che spaziano dalla programmazione allo sviluppo di strumenti multimediali e interattivi.

All'età di 17 anni ha scritto il suo primo libro, *L'Origine del Senso*, in cui esplora tematiche legate all'esistenza e al significato dell'universo da una prospettiva personale e riflessiva.

Edoardo ama costruire e sperimentare: considera ogni progetto un'occasione per imparare qualcosa di nuovo, mettere alla prova le proprie idee e contribuire con soluzioni creative a problemi complessi.

Glossario

Big Bang

Teoria scientifica secondo cui l'universo ha avuto origine da un'espansione rapidissima di uno stato estremamente denso e caldo, nota come "singolarità".

Causalità

Relazione tra causa ed effetto. In fisica classica è un principio fondamentale, ma nella fisica quantistica può essere messo in discussione.

Dualità onda-particella

Concetto della fisica quantistica secondo cui le particelle subatomiche si comportano sia come particelle che come onde.

Fisica quantistica

Branca della fisica che studia il

comportamento della materia e dell'energia su scala subatomica, dove valgono regole diverse rispetto alla fisica classica.

Gluone
Particella fondamentale responsabile dell'interazione forte, forza che tiene uniti i quark all'interno di protoni e neutroni.

Inflazione cosmica
Fase di espansione esponenziale dell'universo nei primi istanti dopo il Big Bang, che spiegherebbe l'uniformità e la struttura su larga scala del cosmo.

Infinito
Concetto centrale del libro. Non solo numericamente illimitato, ma simbolo di

continuità, ciclicità e inesauribilità di tempo, spazio e materia.

Multiverso
Ipotesi secondo cui esistono infiniti universi paralleli al nostro, ognuno con leggi fisiche potenzialmente differenti.

Nucleone
Termine che indica genericamente le particelle del nucleo atomico: protoni e neutroni.

Postulato di Lavoisier
Principio secondo cui "nulla si crea, nulla si distrugge, tutto si trasforma"; fondamentale per comprendere l'infinita trasformazione della materia.

Quark

Particelle elementari costituenti di protoni e neutroni. Ne esistono sei tipi: up, down, charm, strange, top e bottom.

Religione (secondo il libro)

Strumento di ricerca del senso dell'esistenza, non necessariamente legato a una confessione ma alla manifestazione della fede come spinta interiore.

Reticolo cristallino

Struttura regolare degli atomi nei solidi, spesso usata per spiegare la materia a livello microscopico.

Singolarità
Punto iniziale del Big Bang, in cui densità e temperatura erano infinite, e le leggi fisiche attuali non si applicano.

Teoria delle stringhe
Modello teorico secondo cui le particelle elementari non sono punti, ma minuscole "stringhe" vibranti di energia.

Tempo oggettivo vs soggettivo
Distinzione tra tempo misurabile in maniera universale (oggettivo) e tempo percepito individualmente in base alle emozioni o esperienze (soggettivo).

Universo ciclico / Big Bounce
Teorie secondo cui l'universo si espande e si contrae ciclicamente, rinasce da una fase di collasso.

Vuoto quantistico
Condizione in cui lo "spazio vuoto" contiene fluttuazioni energetiche da cui possono emergere particelle e fenomeni quantistici.

Riferimenti Bibliografici / Fonti

Nel corso di questo scritto, ho fatto riferimento a nozioni, teorie e modelli appartenenti al mondo scientifico e filosofico, che ritengo fondamentali per costruire una visione critica e personale dell'esistenza. Nonostante molti concetti siano stati semplificati per favorirne la comprensione, desidero riportare qui alcune delle fonti principali a cui ho attinto, direttamente o indirettamente, durante la stesura.

Fonti e riferimenti citati nel testo:

- **Focus – "Cosa c'era prima del Big Bang?"**, pubblicato il 24 marzo 2020 *(Consultato per approfondire il concetto di singolarità e inflazione cosmica)*

- **OggiScienza – "I cent'anni dell'atomo di Bohr"**, pubblicato il 2 luglio 2013

(Utilizzato per illustrare il modello atomico e la struttura della materia)

Fonti teoriche e scientifiche di riferimento:

- **Georges Lemaître**, *teoria del Big Bang*
- **Albert Einstein**, *relatività generale*
- **Alexander Friedmann**, *soluzioni all'espansione dell'universo*
- **Edwin Hubble**, *osservazioni sull'espansione delle galassie*
- **Fred Hoyle**, *termine "Big Bang"*
- **Antoine-Laurent de Lavoisier**, *legge di conservazione della massa*
- **Niels Bohr**, *modello atomico*
- **Teoria delle stringhe**

- **Ipotesi del multiverso e vuoto quantistico**
- **Principio di indeterminazione di Heisenberg**

Queste fonti rappresentano solamente una base di partenza: l'invito che rivolgo al lettore è quello di proseguire autonomamente nell'approfondimento di questi temi, poiché la conoscenza – come l'universo – si espande all'**infinito**.

www.ingramcontent.com/pod-product-compliance
Lightning Source LLC
Chambersburg PA
CBHW051535240526
45471CB00020B/2676